Herbert Hofmann

Analyse anthropologischer Zeitschriften in der Zeit von 1933 bis 1945

GRIN Verlag

Bibliografische Information der Deutschen Nationalbibliothek:

Die Deutsche Bibliothek verzeichnet diese Publikation in der Deutschen Nationalbibliografie; detaillierte bibliografische Daten sind im Internet über http://dnb.d-nb.de/ abrufbar.

Impressum:

Druck und Bindung: Books on Demand GmbH, Norderstedt Germany
ISBN: 978-3-640-71341-7

Dieses Buch bei GRIN:

http://www.grin.com/de/e-book/158193/analyse-anthropologischer-zeitschriften-in-der-zeit-von-1933-bis-1945

Herbert Hofmann

Analyse anthropologischer Zeitschriften in der Zeit von 1933 bis 1945

Inhaltsverzeichnis:

1. Vorbemerkung ... *3*

2. Deutschsprachige anthropologische Zeitschriften der Jahre 1933 bis 1945 ... *4*

2.1. Anthropologischer Anzeiger ... 4

2.2. Archiv für Rassen- und Gesellschaftsbiologie ... 5

2.3. Der Erbarzt ... 8

2.4. Fortschritte der Erbpathologie und Rassenhygiene ... 10

2.5. Verhandlungen der Gesellschaft für Physische Anthropologie ... 12

2.6. Zeitschrift für angewandte Anatomie und Konstitutionslehre ... 14

2.7. Zeitschrift für Morphologie und Anthropologie ... 16

2.8. Zeitschrift für Rassenkunde ... 18

3. Anthropologischer Anzeiger 1933 bis 1945 ... *19*

3.1. Anthropologischer Anzeiger 1933: ... 19

3.2. Anthropologischer Anzeiger 1934 ... 21

3.3. Anthropologischer Anzeiger 1935 ... 25

3.4. Anthropologischer Anzeiger 1936 ... 28

3.5. Anthropologischer Anzeiger 1937 ... 31

3.6. Anthropologischer Anzeiger 1938 ... 34

3.7. Anthropologischer Anzeiger 1939 ... 37

3.8. Anthropologischer Anzeiger 1940 ... 38

3.9. Anthropologischer Anzeiger 1941/42 ... 40

3.10. Anthropologischer Anzeiger 1943/44 ... 44

4. Literatur ... *46*

„Rassismus wurde am 30. Januar 1933 offizielle deutsche Regierungspolitik als Hitler Reichskanzler wurde. (...) Und die Wissenschaft selbst ließ sich weiterhin vom Rassismus korrumpieren. Vor allem die Anthropologie, die so maßgeblich am Aufstieg des Rassismus beteiligt war benutzte jetzt die Endlösung für ihre eigenen Zwecke."[1]

1. Vorbemerkung

Der Titel dieser Arbeit ist etwas zu hoch gegriffen: Eine umfassende Analyse anthropologischer Zeitschriften in der Zeit von 1933 bis 1945 bedürfte ein Vielfaches an Zeit und Raum als hier zur Verfügung steht. Deswegen beschränkt sich der Autor zunächst auf eine Bestandsaufnahme deutschsprachiger anthropologischer Zeitschriften, die sich auch aus der Zeit des Nationalsozialismus in der Bibliothek des Instituts für Humanbiologie an der Universität Hamburg finden.

Anschließend soll anhand von Beispielen aus dem *Anthropologischen Anzeiger* exemplarisch skizziert werden, wie sich deutsche Anthropologen, aber auch Wissenschaftler anderer Disziplinen, mehr oder weniger dem damaligen Zeitgeist anpassten oder ihn prägten. Es soll aufgezeigt werden, wie sie ihre Arbeiten und Lehre zunehmend ideologisch ausrichteten, rassistische Literatur veröffentlichten und sich in den Dienst der Diktatur stellten – sofern sie sich nicht von dieser distanziert hatten. Dies soll in Form einer Collage geschehen, die gleich einer Zeitreise historische Daten mit bewusst einseitig ausgewählten Textfragmenten, Buchbesprechungen, Zitaten und Kurzmeldungen aus *dem Anthropologischen Anzeiger* verknüpft. Diese Vorgehensweise soll die „Gleichschaltung" des Wissenschaftsbetriebes dokumentieren. Mehr als eine bruchstückhafte Quellensammlung zu diesem Themenkomplex kann und will diese Arbeit nicht sein.

---

[1] Mosse, George L.: „Rassismus: Krankheitssymptom in d. europäischen Geschichte des 19. und 20.

2. Deutschsprachige anthropologische Zeitschriften der Jahre 1933 bis 1945

In der Bibliothek des Institutes für Humanbiologie der Universität Hamburg finden sich diverse deutschsprachige anthropologische Zeitschriften – zum Teil vollständig seit dem Erscheinen der ersten Ausgabe – archiviert. Darunter fallen verschiedene Fachblätter, die sich für eine Spurensuche über die faschistische Ära in Deutschland hervorragend anbieten. Im Einzelnen handelt es sich hierbei um folgende Publikationen:

2.1. Anthropologischer Anzeiger

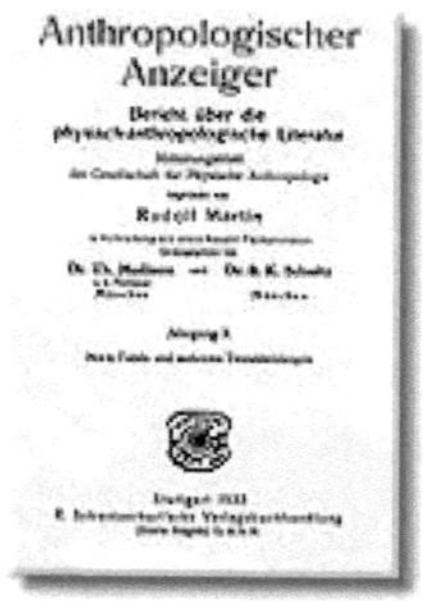

Der *Anthropologische Anzeiger*[2] ist heute das Mitteilungsorgan der „Gesellschaft für Anthropologie". Er erschien erstmals im Jahre 1924 als Vierteljahreszeitschrift. Als Herausgeber fungierte damals Professor Dr. Rudolf Martin, Direktor des Anthropologischen Institutes der Universität München. Er schreibt in der ersten Ausgabe „Zur Einführung":

„Seitdem das *Zentralblatt für Anthropologie* und *Schwalbes Jahresberichte* eingegangen sind und die noch bestehenden anthropologischen Zeitschriften infolge der schwierigen Zeitumstände in bedeutend eingeschränktem Umfange erscheinen müssen, fehlt

Jahrhunderts'', 1978, S. 184 und 206.

2 ab Band 1, 1924 bis heute, vollständig in der Bibliothek des Institutes für Humanbiologie der Universität Hamburg unter der Signatur 3

eine anthropologische Bibliographie, die der wissenschaftlich Arbeitende nicht länger entbehren kann. Auch das Ausland besitzt kein Organ, das rasch und umfassend über die Neuerscheinungen auf anthropologischem Gebiet orientiert.
Diesem Übelstand soll der *Anthropologische Anzeiger* abhelfen. Er wird in vierteljährlich erscheinenden Heften in erster Linie eine möglichst vollständige Übersicht der in- und ausländischen Literatur der physischen Anthropologie bringen und daher prähistorische und ethnologische Publikationen nur insoweit berücksichtigen, als sie physisch-anthropologische Angaben enthalten. Im Hinblick auf die engen Beziehungen aber, welche die physische Anthropologie zu verschiedenen medizinischen Forschungsgebieten, wie zur pathologischen Anatomie, zur Konstitutionsforschung, Kinderheilkunde, Hygiene und Psychiatrie, ferner zur Erblichkeitsforschung, Pädagogik und Sportwissenschaft besitzt, sollen auch Arbeiten aus diesen Gebieten, sofern sie für Anthropologen von Interesse sind, Aufnahme finden. (...)
Ein zweiter Abschnitt des *Anzeigers* enthält kurze kritische Besprechungen der wichtigsten Arbeiten aus Zeit- und Gesellschaftsschriften und selbständiger Druckwerke (...)
Ein dritter Abschnitt wird, soweit es der verfügbare Raum gestattet, kleinere Originalarbeiten, besonders auch Auszüge und Zusammenfassungen aus nicht im Druck erschienene Dissertationen umfassen, um die Resultate dieser Forschungen nicht in den Archiven der Fakultäten untergehen zu lassen.
Ein vierter Abschnitt mit der Überschrift „Mitteilungen“ soll den Leser über die wichtigsten, die Entwicklungen der Anthropologie betreffenden Ereignisse – Forschungsreisen, Funde, Versammlungen, Lehrbetrieb, Sammlungswesen, Personalien usw. – auf dem Laufenden halten. (...)“[3]

2.2. Archiv für Rassen- und Gesellschaftsbiologie

Das *Archiv für Rassen- und Gesellschaftsbiologie einschließlich Rassen- und Gesellschaftshygiene*[4] ist eine von 1904 bis 1937 erschienene Zeitschrift, die sich laut ihrem Selbstverständnis nach folgendermaßen verstand:

---

[3] Rudolf Martin: Zur Einführung, in: *Anthropologischer Anzeiger*, Heft 1, 1924, S. 1f. .
[4] ab Band 1, 1904-1937, Signatur S 1. Vgl. auch das Skript von Florian Zeitler über das *Archiv für Rassen- und Gesellschaftsbiologie; einschließlich Rassen- und Gesellschaftshygiene* im Seminarordner „Geschichte der Anthropologie''

„Zeitschrift für die Erforschung des Wesens von Rasse und Gesellschaft und ihres gegenseitigen Verhältnisses, für die biologischen Bedingungen ihrer Erhaltung und Entwicklung, sowie für die grundlegenden Probleme der Entwicklungslehre."[5]

Archiv für Rassen- und Gesellschaftsbiologie

einschließlich Rassen- und Gesellschaftshygiene

Zeitschrift
für die Erforschung des Wesens von Rasse und Gesellschaft und ihres gegenseitigen Verhältnisses, für die biologischen Bedingungen ihrer Erhaltung und Entwicklung, sowie für die grundlegenden Probleme der Entwicklungslehre

Wissenschaftliches Organ
der Deutschen Gesellschaft für Rassenhygiene und des Reichsausschusses für Volksgesundheitsdienst

Herausgegeben von
Prof. Dr. med., Dr. phil. h. c. Alfred Ploetz

Mitherausgeber: Dr. med. Agnes Bluhm, Professor der Anthropologie Dr. E. Fischer, Professor der Rassenhygiene Dr. F. Lenz, Professor der Anthropologie Dr. Th. Mollison, Dr. jur. A. Nordenholz, Professor der Zoologie Dr. L. Plate, Professor der Hygiene Dr. E. Rodenwaldt, Professor der Psychiatrie Dr. E. Rüdin und Professor der Dermatologie Dr. H. W. Siemens

Schriftleitung
Dr. A. Ploetz, Herrsching bei München

29. Band

J. F. Lehmanns Verlag / München 1935

[5] vgl. aaO.:Titelseite aller Bände.

Zunächst von Dr. med Alfred Ploetz in Verbindung mit Dr. jur. A. Nordenholz (Jena) und Professor Dr. phil. Ludwig Plate (Berlin) herausgegeben, war sie während des Dritten Reiches das wissenschaftliche Organ der „Deutschen Gesellschaft für Rassenhygiene" und des „Reichsausschusses für Volksgesundheitsdienst". Herausgeber war in dieser Zeit der zum Prof. Dr. med., Dr. phil. h.c. avancierte Alfred Ploetz sowie eine Reihe von Mitherausgeber (vgl. Faksimile oben).
In der Ankündigung von 1904 verwahrten sich die Macher der Zeitschrift ausdrücklich dagegen, „das Archiv für eine bestimmte wissenschaftliche, sozial- oder rassenpolitische Richtung festzulegen."[6] So hieß es im Vorwort:

„Das Wachsen biologischer Einsicht in den letzten Jahrzehnten hat dazu Veranlassung gegeben, auch die Grundlagen der menschlichen Gruppierungen, seien sie rassenhafter oder gesellschaftlicher Natur, einer biologischen Betrachtung zu unterziehen. Wie es bei wissenschaftlichem Neuland gewöhnlich der Fall ist, sind neben den wenigen grundlegenden Arbeiten von Forschern zahlreiche Arbeiten von Laien veröffentlicht worden, bei denen häufig weder die geschickte Abfassung, noch das reichliche Tatsachenmaterial, noch auch wertvolle Anregungen über das mangelhafte Beherrschen des Stoffs und der wissenschaftlichen Methode hinwegtäuschen können, und die deshalb nicht imstande sind, einen festen Erkenntnisgrund zu legen, auf dem ernsthaft aufgebaut werden könnte.
Da bei der großen Wichtigkeit der Familien und des gesamten Volkes solche Arbeiten nicht nur einem großen Interesse begegnen infolge ihres pseudowissenschaftlichen Charakters auch einen großen Einfluß ausüben, erscheint es an der Zeit, dem gegenüber die strenger wissenschaftlichen, leider bis jetzt meist in vielen Fachzeitschriften zerstreuten Arbeiten in einer Zeitschrift als Originalien oder Referate zu sammeln und sie so allen denen zugänglich zu machen, die keine Zeit oder Gelegenheit haben, die wissenschaftliche Presse vieler Einzelfächer zu verfolgen. (...)."[7]

---

6 vgl. Alfred Ploetz/A. Nordenholz/Ludwig Plate: „Vorwort'', in: *Archiv für Rassen- und Gesellschaftsbiologie einschließlich Rassen- und Gesellschafts-Hygiene*, 1. Jahrgang, 1904, S. VI.

7 Alfred Ploetz/A. Nordenholz/Ludwig Plate: „Vorwort'', in: *Archiv für Rassen- und Gesellschaftsbiologie einschließlich Rassen- und Gesellschafts-Hygiene*, 1. Jahrgang, 1904, S. III f. .

2.3. Der Erbarzt

Pseudowissenschaftliche und empiristische Begründungen für den Zweiten Weltkrieg, für Rassismus und für die Judenvernichtung finden sich in der zunächst als Beilage zum *Deutschen Ärzteblatt* erschienenen Zeitschrift *Der Erbarzt*[8].

Der Erbarzt

Beilage zum „Deutschen Ärzteblatt"

Herausgeber:

Deutscher Ärztevereinsbund
und Verband der Ärzte Deutschlands (Hartmannbund)

Leitung:

Prof. Dr. O. Frhr. von Verschuer, Frankfurt a. M., Gartenstraße 140

Erster und zweiter Jahrgang

1934 – Nr. 1–7 – 1935 – Nr. 1–12

Berlin 1935

Im Vorwort der Ausgabe vom Januar 1942 schreibt der Herausgeber (im ersten und zweiten Jahrgang fungierten noch der „Deutsche Ärztevereinsbund" und der „Verband der Ärzte Deutschlands", der sog. „Hartmannsbund", als Herausgeber), Prof. Dr. Otmar Frhr. von Verschuer, Direktor des Kaiser-Wilhelm-Institutes für Anthropologie in Berlin-Dahlem, u.a.:

„Bei dem letzten Zweijahresrückblick im Januarheft 1940 wurde als wichtigstes Ereignis der deutschen Rassenhygiene festgestellt: Der Erbstrom des deutschen Volkes, der sich im Laufe der Geschichte in zahlreiche Einzelströme aufgeteilt hatte, konnte wieder zusammengeführt werden, die deutschen Stämme in der Ostmark waren damals zum Hauptstrom wieder zurückgeleitet worden. Diese letzten nun abgeschlossenen zwei Jahre erfüllt ein gleiches so bedeutsames Ereignis: Auch die deutschen Stämme in der Westmark sind dem mächtigen deutschen Erbstrom wieder zugeführt. Eupen-Malmedy, Luxemburg, Lothringen und das Elsaß sind mit dem Deutschen Reich wieder vereinigt oder als Nebenländer angegliedert. Im Süden des Reiches ist die Südsteiermark zum Reich zurückgekommen. Damit hat der Traum der Deutschen aller Zeiten – Groß-deutschland – seine Verwirklichung gefunden. (...) *Der Erbarzt*, der sich im Frieden schon für die Gesundheit und die Erhaltung der rassischen Eigenart unseres Volkes eingesetzt hat, erlebt die Gegenwart mit dem ganzen Volk als größte Zeit unserer Geschichte, aber auch als größtes Ereignis in der Rassen- und Erbgeschichte unseres Volkes.

Die Bevölkerung der Erde betrug im Jahre 1938 2 169 Millionen Menschen. Davon wohnten 530 Millionen (24,4 %) in Europa. Deutschland (ohne Protektorat) hatte damals eine Volkszahl, die 4,6 % der Erdbevölkerung ausmachte; es hatte dabei aber nur 0,5 % des Erdraumes zur Verfügung. Dieses Mißverhältnis beleuchtet, wie gerechtfertigt unsere Ausweitung des uns zur Verfügung stehenden Raumes ist. (...)

In den 7 Jahren von 1934–1940 zusammen sind dem deutschen Volk allein im Altreich über 2 1/2 Millionen Kinder mehr geschenkt worden, als nach den Heirats- und Fortpflanzungsverhältnissen der Jahre 1932/1933 zu erwarten gewesen wären. In diesen

[8] ab Band 1, 1934 bis 1942, Signatur S 5

Ziffern kommt der biologische Kraftzuwachs, den wir in den letzten Jahren erhalten haben, deutlich zum Ausdruck. (...)
Auch in der wissenschaftlichen Grundlegung der Rassenhygiene sind aus der Berichtszeit bedeutungsvolle Ereignisse zu melden. Ein neues Universitäts-Institut für Erb- und Rassenhygiene der Deutschen Karls-Universität ist in Prag durch Professor Thums begründet worden. Für die Reichs-Universität in Straßburg sind zwei Lehrstühle, ein ordentlicher und ein außerordentlicher, für Rassenhygiene und Rassenkunde vorgesehen. Andere Universitäten bemühen sich um die Schaffung neuer Lehrstühle und Institute, damit die Rassenhygiene als Pflicht- und Prüfungsfach des Medizinstudiums überall eine selbständige Vertretung findet. (...)
Noch nie in der Geschichte ist die politische Bedeutung der Judenfrage so klar hervorgetreten wie heute: Gesamteuropa im Bunde mit dem von Japan geführten Ostasien steht im Kampf gegen die durch das Judentum gemeinsam geführte englisch-amerikanisch-russische Weltmacht. Die mit uns vereinten Völker erkennen mehr und mehr, daß die Judenfrage eine Rassenfrage ist, und daß sie deshalb eine Lösung finden muß, wie sie von uns zunächst für Deutschland eingeleitet wurde. Inzwischen haben zahlreiche andere Länder, wie z.B. Italien, Frankreich, Ungarn und Rumänien, Rassengesetze erlassen, die zeigen, daß die Judenfrage bereits eine gesamteuropäische Angelegenheit geworden ist. Ihre endgültige Lösung als Weltfrage steht mit zur Entscheidung in diesem Kriege."[9]

2.4. Fortschritte der Erbpathologie und Rassenhygiene

Unter der Ägide von Obermedizinalrat Dr. Johs. Schottky aus Hildburghausen sowie abermals Prof. Dr. Otmar Frhr. von Verschuer aus Frankfurt/Main schrieben „zahlreiche Fachgelehrte" in der Zeitschrift *Fortschritte der Erbpathologie, Rassenhygiene und ihrer Grenzgebiete*[10] über Themen wie: „Vererbung normaler morphologischer Eigenschaften des Menschen", „Die Erbpsychologie hoher Begabungen" oder über die „Erbpathologie

[9] *Der Erbarzt*, Band 10, Heft 1, Januar 1942, Seite 1f.
[10] Band 1 bis 4, 1937 bis 1940, Signatur S 4

der Haustiere".[11] Zur Einführung der Zeitschrift im Jahre 1937 veröffentlichen die Herausgeber:

„Vererbungswissenschaft und Rassenhygiene haben sich in den letzten Jahren nicht nur inhaltlich und methodisch sehr entwickelt; es sind auch ihre vielfältigen Wechselwirkungen mit zahlreichen anderen Wissenschaftsgebieten ständig im Wachsen begriffen. Dieser Einfluß erstreckt sich auf fast alle Einzelfächer der Medizin und viele der Naturwissenschaft. Weiterhin werden auch die Anschauungen über das soziale Zusammenleben der Menschen, der Familien, Völker und Rassen in Gegenwart und Vergangenheit, ebenso aber auch die Geisteswissenschaften und schließlich Sitte, Erziehung, Gesetz, Rechtsprechung und Verwaltung immer stärker von rassenhygienischen Gedankengängen beeinflußt, welchen wiederum die Ergebnisse der Vererbungswissenschaft zugrunde liegen. Wichtigste praktische Maßnahmen erbbiologischer und bevölkerungspolitischer Art sind von zahlreichen Staaten auf Grund der Forschungsergebnisse bereits durchgeführt worden oder sie sind in Vorbereitung.

FORTSCHRITTE DER
ERBPATHOLOGIE
RASSENHYGIENE
UND IHRER GRENZGEBIETE

Unter Mitwirkung von zahlreichen Fachgelehrten
herausgegeben von
Obermedizinalrat Dr. Johs. Schottky, Hildburghausen,
und Prof. Dr. Frhr. von Verschuer, Frankfurt a. M.

IV. Jahrgang

Mit 3 Abbildungen

1940

GEORG THIEME / VERLAG / LEIPZIG

[11] alle Titelangaben aus Band 4.

Es ist heute dem Wissenschaftler kaum noch möglich, sich aus den sehr zerstreuten, in den verschiedensten Fachblättern des In- und Auslands erscheinenden Einzelarbeiten auch nur annähernd ein Bild von der Gesamtentwicklung der Erbpathologie und Rassenhygiene sowie ihrer Grenzgebiete zu machen oder sich gar den Gesamtstand der Forschung mit ihren augenblicklich besonders wichtigen Brennpunkten zu vergegenwärtigen. Noch weniger ist dies allen jenen möglich, welche praktisch auf erbbiologischem und rassenhygienischem Gebiet tätig sind. Sie brauchen vor allem die dauernde Verbindung mit den fortschreitenden Ergebnissen der Forschung. (...)“[12]

2.5. Verhandlungen der Gesellschaft für Physische Anthropologie

Bei den *Verhandlungen der Gesellschaft für Physische Anthropologie* handelt sich um die im Zeitraum von 1926 bis 1938 erschienenen Sonderhefte des *Anthropologischen Anzeigers*[13]. Zum Inhalt haben die Sonderhefte Vorträge, die bei Tagungen der „Gesellschaft für Physische Anthropologie“ (ab 1937 die „Deutsche Gesellschaft für Rassenforschung“) gehalten wurden. Herausgeber war Professor Dr. B. K. Schultz.

Wes Geistes Kind diese Zeitschrift war, sollen folgende Passagen aus dem Text „Bemerkungen zur Zigeunerfrage und Zigeunerforschung in Deutschland“ von A. Würth belegen:

„(...) Die Zigeunerfrage ist uns heute in erster Linie eine Rassenfrage. So wie der nationalsozialistische Staat die Judenfrage gelöst hat, so wird er auch die Zigeunerfrage grundsätzlich regeln müssen. Der Anfang ist ja schon gemacht. In den Durchführungsverordnungen zu den Nürnberger Gesetzen zum Schutze des deutschen Blutes werden die Zigeuner den Juden hinsichtlich des Eheverbotes gleichgestellt. Sie gelten also weder als deutschblütig noch sind sie deutschem Blute artverwandt. (...) Diese (Mischlingssippschaften) bilden auch, da sie nicht immer als solche erkenntlich und daher schwer zu kontrollieren sind, die rassenbiologische Gefahr für das deutsche Volk, die es

[12] Schottky/v. Verschuer: „Zur Einführung'', in: *Fortschritte der Erbpathologie Rassenhygiene und ihrer Grenzgebiete*, 1. Jahrgang, 1937/1938, S. I f. .
[13] Band 1 bis 9, Signatur S 2

mit allen Mitteln abzuwehren gilt. Die rassenpflegerischen Maßnahmen müssen vor allem darauf zielen, eine weitere Vermischung zwischen Zigeunern und Deutschblütigen zu unterbinden. Betrachtet man nun noch diejenigen Deutschstäm-

Verhandlungen

der

Deutschen Gesellschaft für Rassenforschung

Vorträge gehalten am 17. und 18. September 1937
auf der 9. Tagung in Tübingen

Herausgegeben im Auftrage des Vorstandes
von Professor Dr. B. K. Schultz

Band IX

Sonderheft
zum XV. Jahrgang des Anthropologischen Anzeigers

Mit Taf. I–XXIX, 120 Textabbildungen
und mehreren Tabellen im Text

Stuttgart 1938
E. Schweizerbart'sche Verlagsbuchhandlung
(Erwin Nägele)

migen, die eine eheliche oder uneheliche Verbindung mit Zigeunern eingehen, so handelt es sich fast durchweg um asoziale, kriminelle und erblich minderwertige Menschen, vor allem um solche, die Nachkommen des Vagabundenschlages sind. Diese Mischlinge, deren nicht-zigeunerischer Elternteil erblich minderwertig und sozial 'nichts-nutz' ist, bilden das große Heer asozialer, psychopathischer oder gar krimineller Mischlingszigeuner. (...) Die rassenbiologische Zigeunerforschung ist die unbedingte Voraussetzung für eine endgültige rassenhygienische Lösung der Zigeunerfrage. Diese Lösung dient dem großen Ziel, das Blut des deutschen Volkes vor dem Eindringen fremdrassigen Erbgutes zu schützen und zu verhindern, daß die weitverbreitete und gefährliche Mischlingspopulation sich immer stärker vermehrt."[14]

2.6. Zeitschrift für angewandte Anatomie und Konstitutionslehre

Die *Zeitschrift für angewandte Anatomie und Konstitutionslehre* erschien ein halbes Jahrhundert lang, von 1914 bis 1964, und wurde von dem Wiener Julius Tandler begründet. Später fungierte sie als Organ der „Gesellschaft für Konstitutionsforschung". Im Jahre 1935 wurde der Titel in *Zeitschrift für menschliche Vererbung und Konstitutionslehre*[15] geändert und bis zur Einstellung des Blattes beibehalten. Das Blatt wurde u.a. folgendermaßen eingeführt:

„(...) Die Gründung einer Zeitschrift, in welcher Fragen der Konstitutionslehre durch wissenschaftliche Arbeiten morphologischer, experimenteller und klinischer Art geklärt werden können, wird nicht nur jedem in dieser Richtung arbeitenden Forscher das Studium erleichtern, sondern wird zweifellos ein wichtiges Förderungsmittel der auf die Erkenntnis der Konstitution gerichteten wissenschaftlichen Bestrebungen darstellen. Der in letzter Zeit vielfach geforderte Zusammenhang zwischen Anatomie und Klinik, die neu entstandene Konstitutionslehre und schließlich der organische Zusammenhang zwischen Anatomie und Konstitutionslehre stellen miteinander eine Richtung dar, wel-

---

[14] A. Würth: Bemerkungen zur Zigeunerfrage und Zigeunerforschung in Deutschland, in: *Verhandlungen der Deutschen Gesellschaft für Rassenforschung*, Band IX, Stuttgart 1938, S. 95f.

[15] Band 1 bis 37 (unvollständig), Signatur 18.

che die Herausgabe einer neuen Zeitschrift zur Förderung dieser Richtung wohl erklärt. (...)"[16]

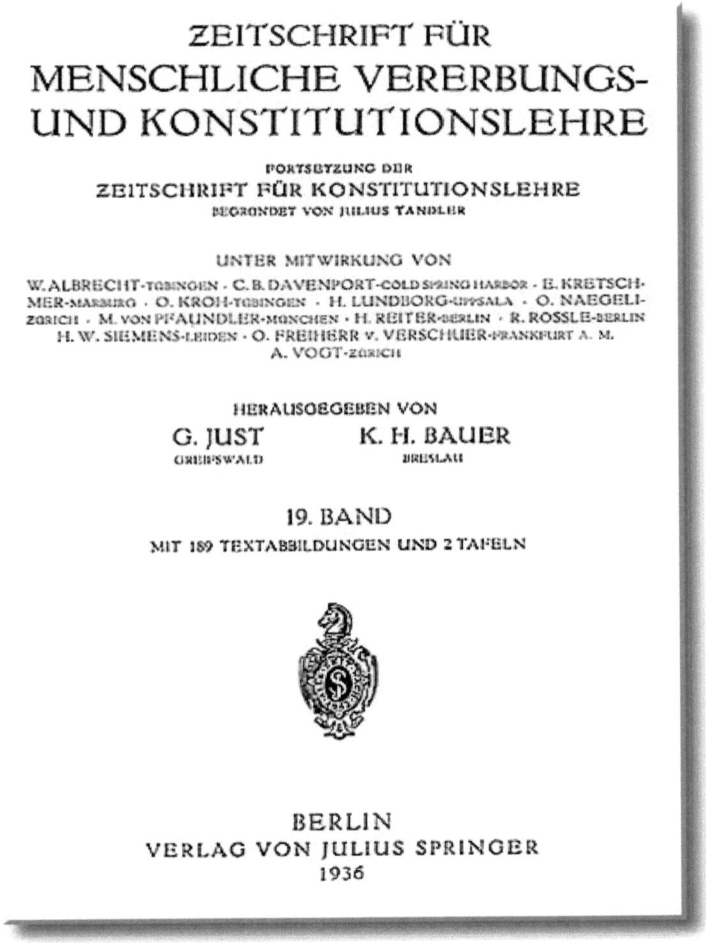

ZEITSCHRIFT FÜR
MENSCHLICHE VERERBUNGS- UND KONSTITUTIONSLEHRE

FORTSETZUNG DER
ZEITSCHRIFT FÜR KONSTITUTIONSLEHRE
BEGRÜNDET VON JULIUS TANDLER

UNTER MITWIRKUNG VON

W. ALBRECHT-TÜBINGEN · C. B. DAVENPORT-COLD SPRING HARBOR · E. KRETSCHMER-MARBURG · O. KROH-TÜBINGEN · H. LUNDBORG-UPSALA · O. NAEGELI-ZÜRICH · M. VON PFAUNDLER-MÜNCHEN · H. REITER-BERLIN · R. RÖSSLE-BERLIN H. W. SIEMENS-LEIDEN · O. FREIHERR v. VERSCHUER-FRANKFURT A. M. A. VOGT-ZÜRICH

HERAUSGEGEBEN VON

G. JUST
GREIFSWALD

K. H. BAUER
BRESLAU

19. BAND
MIT 189 TEXTABBILDUNGEN UND 2 TAFELN

BERLIN
VERLAG VON JULIUS SPRINGER
1936

16 NN: „Zur Einführung'', in: *Zeitschrift für angewandte Anatomie und Konstitutionslehre*, Erster

Titel von veröffentlichten Arbeiten, beispielsweise der Ausgabe des Jahres 1936, lauten dann weniger moderat: Zum Beispiel berichtet dort Gerhard Kreyenberg über „Die Erblichkeitsverhältnisse bei endogenem und exogenem Schwachsinn unter besonderer Berücksichtigung ihrer Bedeutung für die Rassenhygiene".

2.7. Zeitschrift für Morphologie und Anthropologie

Eine internationale Riege von Wissenschaftlern wirkten bei der von Professor Dr. G. Schwalbe, Direktor des anatomischen Institutes der Universität Straßburg, im Jahre 1899 erstmals herausgegebenen *Zeitschrift für Morphologie und Anthropologie* mit.[17] Der Herausgeber begründet in einem – für heutige Verhältnisse – ausschweifenden Vorwort die neue Zeitschrift u.a. mit folgenden Worten:

„(...) Das Gebiet, auf welchem unsere neue Zeitschrift alle ihre Kräfte einsetzen wird, ist kein geringeres, als die Morphologie und Phylogenie des Menschen. Sie setzt sich das hohe Ziel, durch sorgfältige, vergleichend anatomische und entwicklungsgeschichtliche Untersuchungen mitzuarbeiten an der großen Frage nach der Herkunft des Menschengeschlechts. Sie stellt sich die Aufgabe, die Beziehungen der Menschenrassen zu einander, ihre körperliche Entwicklung, ihre höhere oder tiefere Stellung auf rein morphologischem Wege zu ermitteln. So wird unsere Zeitschrift zugleich eine Zeitschrift für Anthropologie. Aber nur der allgemeinen physischen Anthropologie soll sie gewidmet sein; sie soll ganz absehen von spcieller Beschreibung von Menschenrassen, von Ethnologie und Urgeschichte. Ihr rein morphologischer Charakter soll vollkommen gewahrt bleiben. (...)"[18]

Band, 1914, S. 3.

[17] ab Band 1 (1899 bis heute), Signatur 9.

[18] G. Schwalbe: „Ziele und Wege einer vergleichenden physischen Anthropologie - zugleich ein Vorwort zur *Zeitschrift für Morphologie und Anthropologie*, in: *Zeitschrift für Morphologie und Anthropologie*, Band I., 1899, S.2.

Zeitschrift

für

Morphologie und Anthropologie

unter Mitwirkung einer Anzahl von Fachgenossen

herausgegeben von

DR. EUGEN FISCHER

ordentl. Professor der Anthropologie der Universität Berlin
Direktor des Kaiser-Wilhelm-Instituts für Anthropologie
Berlin-Dahlem

BAND XXXII.

Mit 44 Tafeln, davon 16 mehrfachen, 29 Tabellenbeilagen, 1 Textt.
82 Textabbildungen und 33 Tabellen im Text.

Stuttgart 1933
E. Schweizerbart'sche Verlagsbuchhandlung
(Erwin Nägele) G. m. b. H.

2.8. Zeitschrift für Rassenkunde

Die von 1935 bis 1942 erschienene *Zeitschrift für Rassenkunde und die gesamte Forschung am Menschen*[19] wurde von Egon Freiherr von Eickstedt, Universitätsprofessor und Direktor des Anthropologischen und Ethnologischen Instituts zu Breslau, herausgegeben. In ihr wurden Aufsätze und kleine Beiträge von Wissenschaftlern häufig angereichert mit Abbildungen, Karten und Tabellen veröffentlicht. Titel der Arbeiten, beispielsweise des 7. Bandes aus dem Jahre 1938 lauten: „Schopenhauer und die Erblichkeitslehre", „Zur Soziologie des Rassenbewußtseins" oder „Rassenwandel im Lichte der Völkerforschung".

Zeitschrift für Rassenkunde

und die

gesamte Forschung am Menschen

Unter Mitwirkung von

B. Adachi, Kyoto; R. Biasutti, Florenz; H. Böker, Jena; F. Burgdörfer, Berlin; V. Christian, Wien; J. Czekanowski, Lemberg; Ch. B. Davenport, Washington; T. F. Dreyer, Bloemfontein; H. von Eggeling, Berlin; H. J. Fleure, Manchester; Hans F. K. Günther, Berlin; G. Heberer, Tübingen; J. Imbelloni, Buenos Aires; Fritz Kern, Bonn; J. P. Kleiweg de Zwaan, Amsterdam; N. Krebs, Berlin; W. Krickeberg, Berlin; J. Koumaris, Athen; P. de Lima, Porto; H. Lundborg, Upsala; F. Sarasin, Basel; B. Škerlj, Ljubljana; E. Speiser, Basel; Griffith Taylor, Toronto; R. Thurnwald, Berlin; H. Vallois, Toulouse; O. Frh. v. Verschuer, Frankfurt/Main; E. Wahle, Heidelberg; H. Weinert, Kiel; J. Weninger, Wien; D. Westermann, Berlin; Ch. Ch. Yüng, Kanton

Herausgegeben von

EGON FREIHERR VON EICKSTEDT

Universitätsprofessor und Direktor des Anthropologischen und des Ethnologischen Instituts zu Breslau

Mit 82 Abbildungen, 2 Karten und 19 Tabellen

JAHRGANG 1938 / 7. BAND

1938

FERDINAND ENKE VERLAG STUTTGART

[19] Band 1 bis Band 13, Signatur S 3.

3. Anthropologischer Anzeiger 1933 bis 1945

Der *Anthropologische Anzeiger* ist in der Bibliothek des Hamburger Institutes für Humanbiologie nicht ausdrücklich in das Fach der Zeitschriften mit rassistischen Inhalten eingeordnet. Dennoch bietet er sich wegen der in 2.1. genannten Vierteilung seines redaktionellen Konzeptes – Bibliographie anthropologischer Literatur, Besprechung ausgewählter Werke, Abdruck kleinerer Originalarbeiten sowie Mitteilungen – und der Umschau in andere Disziplinen für eine Spurensuche an: Hier zeigt sich nämlich, wie subtil, zum Teil aus heutiger Sicht aber auch unverhohlen, und sukzessiv die Gleichschaltung der Wissenschaft und des universitären Betriebes im Dritten Reich vonstatten gegangen ist. Offensichtlich ist, wie Theorie und Praxis miteinander verknüpft sein können, wie akademischer Diskurs politische Praxis prägen kann und umgekehrt.

3.1. Anthropologischer Anzeiger 1933:

Hitler wird Reichskanzler - Rassismus wird am 30. Januar deutsche Regierungspolitik – 13. März: Errichtung des „Reichsministeriums für Volksaufklärung und Propaganda" unter Joseph Goebbels – Abschaffung der autonomen Universitätsverfassungen – 1. April: Boykott-Tag gegen jüdische Geschäftsinhaber, Professoren, Lehrer, Schüler, Studenten, Rechtsanwälte und Ärzte – 27. Mai: Unternehmen Reichsautobahn – 14. Juli: Gesetz zur Verhütung erbkranken Nachwuchses:

- Der *Anthropologische Anzeiger* bespricht das 1932 in Leipzig erscheinende Buch „Rasse und Geist" mit vier Vorträgen, die 1930/31 in der Senckenbergischen Naturforschenden Gesellschaft in Frankfurt/Main gehalten wurden. Darin klagt der Autor E. Kretschmer in seinem Aufsatz „Rasse und Genie" die europäischen Rassenforscher, insbesondere die Rassenpsychologen, an, in ihren Schriften eine politische Tendenz und idealistische Schwärmerei mit scheinbar wissenschaftlichen Mittel anzustreben.[20]

- Ebenfalls im *Anthropologischen Anzeiger* besprochen wird der 1932 erschienene „Erbbiologische und eugenische Wegweiser für Jedermann". Der Rezensent L. Loeffler stellt u.a. richtig, dass die von Eugen Fischer angeblich nachgewiesene Dominanz der „konvexen nordischen Nase“ über die „konkave Negernase“ kaum den Tatsachen entspreche. Als Propaganda kritisiert wird auch ein von Prof. H. Poll aufgestelltes Zeugegebot: „Ehepaare, die sich durch die beste Erb- und Aufzuchtsgüte auszeichnen, haben das Recht und die Pflicht, eine Mindestanzahl von sechs Kindern aufzuziehen.“[21]

- G. Just fordert in seinem ebenfalls 1932 erschienenen Aufsatz „Erziehungsprobleme im Lichte von Erblehre und Eugenik“, dass Biologie und Eugenik in die Lehrpläne aller höheren Schulen aufgenommen werden und an den Universitäten entsprechende Lehrstühle erhalten sollten.[22]

- Der *Anthropologische Anzeiger* teilt im Jahre 1933 u.a. mit:
„Professor Dr. E. Rüdin, Direktor der Genealogischen Abteilung der Forschungsanstalt für Psychiatrie, wurde mit Schreiben des Reichsinnenministeriums vom 3.VI.1933 als Vertrauensmann der Regierung mit der Leitung der Deutschen Gesellschaft für Rassenhygiene betraut. Der bisherige Vorstand ist in allen seinen Gliedern zurückgetreten. Der neue Vorstand, dessen Führung und Vorsitz Professor Rüdin übernommen hat, wurde nach München verlegt; eine Neuordnung auch innerhalb der Ortsgruppen wurde vorgenommen.“[23]

- Wegen der aktuellen politischen Lage und Einreiseschwierigkeiten nach Österreich müssen die im September in Wien geplanten Tagungen der „Deutschen Anthropologischen Gesellschaft“ und der „Gesellschaft für Physische Anthropologie“ abgesagt werden.[24]

- „(...) Um auf dem Gebiete der Rassenhygiene und Bevölkerungspolitik eine grundlegende und entscheidende Neuordnung treffen zu können, hat das Reichsministerium des Innern einen aus Sachverständigen bestehenden Ausschuß berufen, der das Ministerium bei seinen Entscheidungen berät. Dieser Sachverständigenausschuß führt den

---

[20] vgl. *Anthropolgischer Anzeiger*, 1933, S. 22.
[21] vgl. aaO., S. 24.
[22] vgl. aaO., S. 24.
[23] aaO., S. 245.

Namen „Sachverständigenbeirat für Bevölkerungs- und Rassenpolitik". Er ist in drei Arbeitsgemeinschaften geteilt: 1. Arbeitsgemeinschaft für Finanz- und Steuergesetzgebung, Statistik, soziale Politik und Siedlung, Vorsitzender Staatsminister a.D. Dr. H. Müller; 2. für Rassenhygiene und Rassenpolitik, Vorsitzender Professor Dr. E. Rüdin; 3. Arbeitsgemeinschaft für Erziehung, Frauen- und Mütterfragen und Fürsorge, Vorsitzender Major Buch."[25]

- An der Hamburger Universität werden u.a. an der Rechts- und Staatswissenschaftlichen Fakultät von Prof. A. Walther eine „Seminar über soziologische Menschentypen", an der Medizinischen Fakultät von Professor F. Meggendorfer „Eugenik (Entartung und Rückartung)" sowie von Professor H. Poll „Erbkundliche Übungen für Anfänger und Vorgeschrittene" angeboten. An der Philosophischen Fakultät gibt Prof. Th. Danzel einen „Überblick über nichteuropäische Völker der Erde". Und Prof. W. Scheidt bietet Lehrveranstaltungen zur „Rassen- und Kulturbiologie" sowie zur „Geschichte der Rassenkunde" an.[26]

3.2. Anthropologischer Anzeiger 1934

27. Februar: „Gesetz zur Vorbereitung des organisierten Aufbaus der Wirtschaft („Ermächtigungsgesetz" zur Erfassung und Kontrolle aller Verbände und Personen) – Juni/Juli: Ermordung des Stabchefs der SA, Ernst Röhm – 2. August: Tod des Reichspräsidenten von Hindenburg – Hitler übernimmt das Amtes Reichspräsidenten – 24. Oktober: Zusammenfassung aller „Schaffenden" in der „Deutschen Arbeiterfront".

- Im *Anthropologischen Anzeiger* des Jahres 1934 empfiehlt Rezensent L. G. Tirala das von A. Wiessmann verfasste Heft „Die Sterilisierung Minderwertiger in Deutschland", das im Jahre 1932 erschienen ist. Der Kritiker schreibt:
„Auf engem Raume bringt Wiessmann alle wesentlichen Zahlen. Die Angaben über die Zahlen der Minderwertigen stammen aus Lenz' Buch „Menschliche Auslese und Rassenhygiene (Eugenik)". Die Ausgaben für die Minderwertigen der Stadt Gießen, über

---

[24] vgl. aaO.
[25] aaO.
[26] vgl. aaO., S. 250.

welche W. berichtet, sind ein gutes Beispiel für die finanziellen Leistungen unserer Städte. Im Jahre 1930 hat diese Stadt ungefähr 1 500 000 RM. für Minderwertige als Gesamtfürsorgekosten ausgegeben. (...) Erfreulich ist es, daß er den Standpunkt der Rassehygiene gegenüber dem Papst und der katholischen Kirche energisch vertritt. Das treffliche Heft ist zur raschen Orientierung auf diesem Gebiete sehr geeignet."[27]

- O. Reche rezensiert das 1933 erschienenen Buch „Der Deutsche Mensch" von O. Aichel, der darin u.a. eine Theorie aufstellt, die besagt, dass
  „an dem Zustandekommen der Indianer ungefähr die gleichen rassischen Urelemente beteiligt gewesen seien, wie bei der Bildung des deutschen Volkes."
  Eine Theorie, der sich der Rezensent nicht anschließt. Ihmzufolge
  „haben die Untersuchungen von A. daher auch nicht den Beweis erbracht, daß die nordische Masse das 'Ergebnis eines Rassengemisches' sei."
  Reche schließt seine Ausführungen:
  „Ich halte die bei verschiedenen Autoren immer wieder auftauchenden Versuche, gerade die nordische Rasse als Produkt einer Bastardisierung von zwei oder gar noch mehr Rassen, hinzustellen, für sehr bedenklich."[28]

- Der Münchner E. Breitinger ist bei der Besprechung des 1934 erschienen Buches „Kleine Rassenkunde des deutschen Volkes" von H. F. K. Günther voll des Lobes. Er schreibt:
  „Eine Volksausgabe, von der innerhalb Jahresfrist über 100 000 Stück aufgelegt werden, hat sich als wirkliches Bedürfnis erwiesen. Bei der 'Kleinen Rassenkunde des deutschen Volkes' ist dieser Erfolg zugleich Ausdruck für die erwachende Anteilnahme weitester Kreise an den Fragen der Rasse wie für die anschauliche und überzeugende Art, mit der Verf. die Hauptgedanken seines größeren Werkes in gedrängter Form darzustellen verstand. Das reich bebilderte Werkchen wird der rassischen Erziehung unseres Volkes wertvolle Dienste leisten."[29]

---

27 *Anthropologischer Anzeiger*, Jahrgang 1934, S. 33.
28 aaO., S 41ff. .
29 aaO., S. 209.

- Einen Verriss erhielt dagegen O. Menghins ebenfalls 1934 erschienenes Buch „Geist und Blut. Grundsätzliches um Rasse, Sprache, Kultur und Volkstum“. Der Rezensent S. Ehrhardt schreibt:
  „In vorliegendem Buch sind Fragen über Weltanschauung, Urgeschichte, Rasse, Sprache, Kultur, Religion, Volkstum und das Volk der Juden außerordentlich vorsichtig besprochen, wobei jedoch überall ein Angriff auf die Naturwissenschaft und ein Angriff gegen die Erforschung des Geistigen von seiten der Naturwissenschaft durchzuspüren ist. M. bestreitet die Stabilität geistiger Rassenmerkmale und lehrt die Vererbung erworbener Eigenschaften. Es spricht aus dem Buch eine Geistesrichtung, die nicht im Sinn modern-biologischer Wissenschaft ist. Verf. stellt wohl die Rassenfrage in den Kernpunkt seiner Besprechung, er vertritt aber Ansichten, die jedem biologischen Denken und völkischen Empfinden widersprechen. So glaubt M. z.B., daß die Zunahme von Mischehen die Entstehung neuer Rassen fördere! (...) Wenn Verf. einen bedeutenden Einfluß abendländischer Kultur auf das Judentum hervorhebt und von einer starken Umwandlung desselben, von Ost nach West zunehmend, spricht, so kann es sich dabei nur um Äußerlichkeiten handeln. es erübrigt sich, auf weitere Punkte näher einzugehen.“[30]

- Ähnlich hart urteilt E. Breitinger über das 1934 herausgegebene Buch „Rassenforschung und Volk der Zukunft“. Der Autor H. Muckermann deutet darin u.a. lediglich an, „was man über die seelische Eigenart der Rassen behauptet.“ Der Leser, bedauert der Rezensent, erfährt daher:
  „(...) abgesehen von den fremden Rassen, nur von der nordischen und mediterranen Rasse einige Wesenszüge. dagegen hält es Verf. für notwendig, die seelische Eigenart der Juden ausführlicher zu schildern und in Schutz zu nehmen. (...) Im Kapitel über 'Das Problem der Rassenbeeinflussung' bespricht Verf. die Frage der Rassenmischung und die Gefahren der Gegenauslese und Entartung, im letzten und umfangreichsten Abschnitt über 'Erbgrundlage und Eugenik' die dringlichsten Gegenwartsaufgaben für das Volk der Zukunft. Diese Aufgabe möchte M. ganz der Eugenik vorbehalten, denn nach seiner Meinung schließt die Rassenkunde der Gegenwart noch zu viele ungelöste

[30] aaO., S. 210

Probleme ein, so 'daß wir die heißbegehrten Verbindungsbrücke zu den Schicksalfragen jener Rassenmischungen noch nicht ausbauen können, die wir Völker nennen.' Demgegenüber muß auf die Tatsache verwiesen werden, daß wir heute bereits staatliche Rasseämter haben, welche die freilich schwere, aber unaufschiebbare Arbeit an der rassischen Zukunft unseres Volkes aufgenommen haben."[31]

- E. Geyer aus Wien bespricht im *Anthropologischen Anzeiger* von 1934 das im selben Jahr erschienene Büchlein „Deutsche Klassiker über die Rassenfrage" von L. Schemann:
  „(...) 23 deutsche Denker, Dichter und Führer werden hier in ihrer Einstellung zur Rassenfrage einer kurzen Betrachtung unterzogen, nämlich Arndt, Bismarck, Chamberlain, Chamisso, Fichte, Friedrich der Große, Goethe, E. V. Hartmann, Herder, Hutten, Kant, Lagarde, Lessing, Luther, Moeller van den Bruck, Nietzsche, Rückert, Schiller, Schopenhauer, Freiherr vom Stein, Uhland, R. Wagner, Wieland. (...) Dem Verf. und dem Verlag müssen wir für diese Ausgabe dankbar sein, weil der Rassenfrage dadurch zweifellos ein Dienst erwiesen wird."[32]

- Unter den Titeln „Grundlagen der Vererbungsforschung", „Die Vererbung beim Menschen mit besonderer Berücksichtigung der körperlichen und geistigen Gebrechen", „Die rassische Zusammensetzung des deutschen Volkes" und „Fruchtbarkeit, erbliche Belastung und Ausleseverhältnisse im deutschen Volk" empfiehlt H. Kafka aus Innsbruck vier Vorträge verschiedener Autoren, die
  „eine Sammlung von je 30 gut ausgewählten Bildkarten, Abbildungen aus den bedeutendsten Werken der Erblehre, Rassenkunde, Rassenhygiene, Psychologie und Bevölkerungspolitik. Den Karten ist ein erläuternder Text beigefügt. Die Hefte sind sehr geeignet zu Vorträgen, bei denen man keine Lichtbilder zur Verfügung hat, jedem Studierenden können sie sehr empfohlen werden. (...) Im zweiten Vortrag begründet Schottky durch die biologische feststehenden Vererbungsgesetze die Gefahr, die einem Volk bei stärkerer Vermehrung der Minderwertigen droht. (...)"[33]

---

31 aaO., S. 210 f. .
32 aaO., S. 211.
33 aaO., S. 212.

- „Rasse und Seele" heißt das 1933 erschienene Buch von L. F. Claus, der im Aufbau seiner Typen folgendermaßen unterscheidet:
  „(...) den Leistungsmenschen – nordische Rasse, den Verharrungsmenschen – fälische Rasse, den Darbietungsmenschen – mittelländische Rasse, den Offenbarungsmenschen – wüstenländische Rasse, den Erlösungsmenschen – vorderasiatische Rasse und den Enthebungsmenschen – ostische Rasse. (...)"[34]

- Vom selben Autor erscheint 1934 das Buch „Die nordische Seele. Eine Einführung in die Rassenseelenkunde." L. F. Claus entwirft dort, so Rezensent E. Breitinger, ein lebendiges Bild der nordischen Seele. Grundzug des nordischen Lebensstiles sei „sachliches Leistungsstreben verbunden mit seelischem Abstand gegenüber Dingen und Menschen."[35]

- E. v. Eickstedt veröffentlicht 1934 „Die rassischen Grundlagen des deutschen Volkstums".

- Das Anthropologische Institut in München gibt ein „Rassenkundliches Meßblatt" heraus:

  „Die eine Seite nimmt die Personalangaben und die beschreibenden Kopf- und Gesichtsmerkmale auf, ferner Angaben über Gestalt, Knochenbau, Muskulatur, Ernährungszustand. Die freien Zeilen geben die Möglichkeit, weitere Merkmale einzutragen. Auf die andere Seite werden die Körper- und Kopfmaße sowie deren Verhältniszahlen eingeschrieben. (...) Der Preis beträgt RM. 6.– für 100 Karten."[36]

3.3. Anthropologischer Anzeiger 1935

15. September: Nürnberger Gesetze (1. Reichsbürgergesetz; 2. Gesetz zum Schutze des deutschen Blutes und der deutschen Ehre) – 18. Oktober: Gesetz zum Schutz der

[34] aaO., S. 225.
[35] aaO., S. 226.
[36] aaO., S. 283.

Erbgesundheit des deutschen Volkes – Aufstellung einer vollständigen Liste aller Juden in Deutschland

- Namhafte Fachgelehrte geben 1934 das von E. Rüdin geschriebene Buch „Erblehre und Rassenhygiene im völkischen Staat" heraus. Rezensent S. Ehrhardt bemerkt 1935 im *Anthropologischen Anzeiger* über das Werk:
  „Ein Sammelwerk von Vorträgen, gehalten von den ersten Fachwissenschaftlern an der Deutschen Forschungsanstalt für Psychiatrie in München während eines Lehrganges für Psychiater im Januar 1934. Der Lehrgang diente zur Vorbereitung für die Durchführung des Reichsgesetzes zur Verhütung erbkranken Nachwuchses. (...)"[37]

- Der Münchner S. Ehrhardt bespricht H. Weinerts Buch „Biologische Grundlagen für Rassenkunde und Rassenhygiene". Ehrhardt fordert in seiner Rezension, dass Biologie genauso zum Bildungsfach eines Menschen werden solle wie jede Geisteswissenschaft. Das Ziel biologischen Denkens sei für den Staat und das Volk vor allem Rassenhygiene eng verbunden mit Rassenkunde.(...)[38]

- Der Münchner A. Harrasser bespricht das 1935 erschienene Buch „Rassenmischung und Erbkrankheit" von W. Hildebrandt. Eine These des Buchautors lautet:
  „(...) Rasse ist (nach Verf.) 'vererbbares inneres Gesetz; insbesondere vererbbares innersekretorisches Gleichgewicht'. 'Und darum', so folgert er weiter, 'muß Rassenmischung störend auf das innersekretorische Gleichgewicht einwirken und bei bestimmter Stärke der Störung auch das körperliche Erscheinungsbild ... beeinträchtigen können.'"

- Der *Anthropologische Anzeiger* 1935 stellt die im Vorjahr erstmals erschienene Zeitschrift *Rasse* der „Nordischen Bewegung" vor:
  „Die Zeitschrift '*Rasse*' stellt sich zur Aufgabe, den Zusammenhang zwischen *Rasse*, Volkstum und Gesittung zu untersuchen. Ihr Name 'Rasse' will betonen, daß es auf Rasse überhaupt ankommt. Als Mittelpunkt stellt sie jedoch den nordischen Gedanken

37 *Anthropologischer Anzeiger*, 1935, S. 53.
38 vgl. aaO., S. 53 f. .

auf, was dem Deutschen als Vertreter eines germanischen Volkes das Nächstliegende sein muß."[39]

- Die *Zeitschrift für Rassenkunde* (vgl. 2.8.) erscheint erstmals und wird ebenfalls im *Anthropologischen Anzeiger* vorgestellt..[40]

- „Rasse, Geist und Seele" ist ein Buch von L. G. Tirala betitelt, das 1935 erschienen ist. Der Berliner Rezensent L. A. Schlösser berichtet u.a.:
  „Das Buch des bekannten Rassehygienikers Tirala, das kein ausgeklügeltes Lehrbuch ist, muß besonders begrüßt werden, da es aus der Unbestechlichkeit des alten völkischen Kämpfers geschaffen wurde und zukünftiger Forschung eine Fülle wertvollster Hinweise und Anregungen gibt. (...)
  Besondere Bearbeitung findet die Frage der Rassenentartung. Wie weit Geschlechtskälte, Unfruchtbarkeit und Störungen im Geschlechtsleben bei der Frau von der Tatsache der Rassenmischung bestimmt werden, bedürfte noch einer gründlichen Bearbeitung, ehe so bestimmte Aussagen gemacht werden können. Ebenso ist die Darstellung, daß Homosexualität im alten Griechenland eine Folge der Rassenmischung zwischen den nordischen Einwanderscharen und der ansässigen pelasgischen (vorderasiatisch-ostische Mischung) Bevölkerung sei, nur erst als eine Anregung für künftige gründliche Forschung, nicht aber als gesicherte Tatsache zu werten. (...)
  Die Einstellung, die T. in dem Abschnitt: 'Rasse und Weltanschauung' zu Richard Wagner zeigt, wird nicht die restlose Zustimmung der nationalsozialistischen Jugend finden."[41]

- Wie es mit der Freiheit der Wissenschaft im Dritten Reich bestellt war, wie sie ideologisch funktionalisiert war, zeigt die Besprechung des 1935 von K. Weigner herausgegebenen Buches „Die Gleichwertigkeit der europäischen Rassen und die Wege zu ihrer Vervollkommnung". Der Rezensent schreibt u.a.:

---
[39] vgl. aaO., S. 166.
[40] vgl. aaO., S. 168.
[41] vgl. aaO, S. 249 f. .

„In der Einleitung von K. Weigner wird den Lesern versprochen, ihnen 'den Weg zeigen zu wollen, wie die Gleichwertigkeit und Gleichberechtigung der Rassen zu betrachten ist'. Dieser Weg entfernt sich aber schon nach den ersten Seiten immer weiter von wissenschaftlicher Objektivität und Gründlichkeit. Schon im ersten Aufsatz ('Über die Geschichte des Problems von der Ungleichheit oder Gleichwertigkeit der europäischen Rassen') ist J. Matiegka sichtlich bestrebt, aus älteren Autoren widersprechende Stellen zu zitieren, um dadurch die Unhaltbarkeit der Ansicht darzutun, daß die nordische Rasse wertvoll und als Kulturfaktor des deutschen Volkes wichtig sei. Dieselbe Methode verfolgt M. auch im dritten Aufsatz ('Der heutige Stand der Kenntnis von den europäischen Rassen'), wo er bei dem Versuch, den Anteil der nordischen Rasse in Mitteleuropa und besonders am deutschen Volk aufgrund eigener oberflächlicher Schätzungen herabzusetzen und den Wert anderer Rassenelemente, z.B. der Juden, zu betonen, in offenkundige Widersprüche mit seinen eigenen Definitionen gelangt. (...)
Verf. unterbaut seine Thesen hauptsächlich durch eine Reihe offener und versteckter Angriffe und Beschimpfungen gegen das deutsche Volk und das Deutsche Reich."[42]

- P. Sachse fand in seinem Beitrag zu Rassenkunde über die „SA-Männer von Leipzig" heraus, dass die SA-Männer im Vergleich mit Sportlern, Soldaten sowie in- und ausländischen Bevölkerungsgruppen mit 171,4 cm durchschnittlich groß seien, einen auffallend langen Rumpf besitzen. Ihre Beinlänge sei die absolut und relativ kürzeste in Deutschland, doch ist die Schulterbreite größer als diejenige deutscher Turner.[43]

3.4. Anthropologischer Anzeiger 1936

Die gesamte Polizei (Schutz-, Kriminal- und politische Polizei) dem „Reichführer SS und Chef der deutschen Polizei, Heinrich Himmler, unterstellt. – August: Olympische Spiele in Berlin – Einführung der zweijährigen Militärdienstzeit – September 1936: Die „Eroberung neuen Lebensraumes" wird zum vordringlichen Ziel der NS-Außenpolitik.

[42] vgl. aaO., S. 250.
[43] vgl. aaO., S. 274.

- Im *Anthropologischen Anzeiger* von 1936 wird das von F. Burgdörfer u.a. verfasste Buch „Grundlagen der Erb- und Rassenpflege" besprochen. Hier heißt es u.a.:
„Auf dem ungeheuren Gebiete der Erb- und Rassenpflege ist in den letzten Jahren das Schrifttum so sehr angewachsen, daß selbst dem Fachmann der Überblick nicht mehr leicht wird. (...) Hier füllt das vorliegende Buch nach Absicht der Verfasser wieder eine Lücke aus, nämlich denen, 'die sich beruflich oder aus völkischem Interesse mit Erb- und Rassenpflege beschäftigen, einen Ausschnitt' aus den Grundlagen dieses Gebietes zu vermitteln.. (...)
Mit großem Schwung ist der Abschnitt über Rassenseelenkunde geschrieben. Hier tritt noch in erhöhtem Maße die beim allgemeinen Rassenbegriff besprochene Synthese in Erscheinung, wenn auch die historische Seite mehr im Vordergrund steht. In diesem Zusammenhang wird auch das Judenproblem mit besonderer Klarheit behandelt.(...)"[44]

- „Grundlagen der Rassenpsychologie" nennt sich das 1936 erschienene Buch von E. v. Eickstedt, in dem er folgende Unterscheidung trifft:
„(...) Das Kapitel über die Gemeinschaftspsychologie trennt scharf zwischen Volk als Kulturgruppe (eine soziologisch-biologische Erlebnisgemeinschaft) und Rasse als zoologische Formengruppe (eine psycho-physische Typengemeinschaft). Nun erst sind die Voraussetzungen zu einer Rassenseelenlehre gegeben. (...)"[45]

- K. Rau veröffentlicht 1936 seine „Untersuchungen zur Rassenpsychologie nach typologischer Methode". In der Besprechung im *Anthropologischen Anzeiger* 1936 lautet es:
„Die Einführung von Jaensch bringt 12 Leitsätze über die Beziehung der nationalsozialistischen Bewegung zu den Ergebnissen der 'psychologischen Anthropologie' der Marburger Schule. (...) Es ergeben sich eindeutige Korrelationen zwischen Rasse und Integration: nordisch-fälische Menschen sind nach innen integriert ('Typ der festen Strukturen'), während mittelländische und ostische Menschen nach außen integriert sind ('Typ der lockeren Strukturen'). (...)"[46]

---

[44] *Anthropologischer Anzeiger*, 1936, S. 59 ff. .
[45] aaO., S. 66.
[46] aaO.

- „Auf einer außerordentlichen Versammlung in Hannover haben die Vertreter der 'Deutschen Anthropologischen Gesellschaft' deren Auflösung beschlossen. (...) Während der mehr als 6 Jahrzehnte ihres Bestehens ist der Lehr- und Forschungsbereich jeder der drei Einzelwissenschaften derart angewachsen, daß es immer schwieriger wurde, sie gleichmäßig zu überschauen und auf den Tagungen der D.A.G. zusammenzuhalten. Selbständige Gesellschaften für physische Anthropologie, Ethnologie und Urgeschichte entstanden, um die Sonderziele dieser Gebiete gründlicher verfolgen zu können. (...)“[47]

- Unter dem Titel „Führeradel durch Sippenpflege“ veröffentlicht der „bekannte Sozialanthropologe“ H. F. K. Günther vier Vorträge aus den Jahren 1933 bis 1936:
„(...) Der erste Vortrag: 'Volk und Staat in ihrer Stellung zu Vererbung und Auslese' behandelt die Notwendigkeit der Schaffung einer Führerschicht auf bäuerlicher Grundlage. (...)
Der zweite Vortrag: 'Die Erneuerung des Familiengedankens in Deutschland' beschäftigt sich mit der Aufgabe des völkischen Staates, die höherwertigen Erbanlagen in allen Ständen zu mehren und die minderwertigen in allen Ständen zu mindern. Diese Aufartung kann nur von der kleinsten Zelle des Staates, der Familie, ihren Ausgang nehmen.
Der dritte Vortrag: 'Die Notwendigkeit einer Führerschicht für den völkischen Staat' führt hieran anschließend aus, daß nicht eine Gruppe von Einzelmenschen die Führerschicht darstellen darf, sondern eine Schicht von Familien, die durch geschlechterlange Auslese 'den gleichbleibenden rassischen Stil ihres Empfindens und Handelns auf die Staatsleitung übertragen' können. (...)
Im vierten Vortrag: 'Vererbung und Erziehung' wird dargelegt, welche Folgerungen für die Erziehung aus den Erkenntnissen der Vererbungslehre werden müssen. (...) Für den Einzelnen ist es bei geschickter Erziehung wohl möglich, gewisse Erbanlagen in ihrer Entwicklung zu fördern, gewisse zu hemmen; für ein Volk dagegen geht der Weg der Aufartung nur über die Auslese, nicht über die Erziehung. (...)
Wir sind dem Verf. dankbar, daß er in äußerst fruchtbarer Weise die Erkenntnisse anthropologischer Forschung für eine positive Staatsführung nutzbar macht.“[48]

[47] aaO., S. 162.

- H. Woltereck gibt 1935 das ein Jahr später im *Anthropologischen Anzeiger* besprochene Buch „Erbkunde, Rassenpflege, Bevölkerungspolitik. Schicksalsfragen des deutschen Volkes." heraus. In der Rezension heißt es u.a.:
„(...) Der größere Teil des Aufsatzes behandelt die Erbkrankheiten und ihrer Bekämpfung, Ausmerze, Sterilisierung und Kastrierung, Rassenpflege und Recht. Der bevölkerungspolitische Teil von Burgdörfer fußt auf Material, das schon an anderen Stellen veröffentlicht ist. Seine Darstellungen sind mit gleicher Deutlichkeit wie bisher gegeben und bieten die besten Richtlinien für eine praktische Bevölkerungspolitik."[49]

3.5. Anthropologischer Anzeiger 1937

November 1937: Hitler enthüllt bei der Führerkonferenz seine Kriegspläne: „Eroberung neuen Lebensraumes" durch Gewalt

- J. Schottky gibt 1937 das Buch „Rasse und Krankheit" heraus. In der Besprechung des *Anthropologischen Anzeigers* des selben Jahres heißt es u.a.:
„(...) Dem Kapitel 'Rasse und neurologischer Erkrankungen' (Kihn) sei entnommen: für Heredodegenerationen (aber nicht für Chorea) ist 'nach unserer Auffassung die erhöhte Beteiligung der jüdischen Rasse nicht zu bestreiten, wenn schon es schwer sein wird, zurzeit einen exakten Beweis für diese Annahme zu erbringen. (...)' (...) 'Für die norddeutschen blau-blonden Gebiete, auch für Schweden und Norwegen, hält es Lange (1930) für feststehend, daß die Schizophrenie häufiger als beispielsweise in Bayern sei'. Nach dem gleichen Autor findet sich bei den Juden 'viel mehr Schizophrenie als in ihrem Umkreis.' (...) 'Allgemein sollen manisch-depressive Erkrankungen in Nord-, besonders Nordwestdeutschland, viel seltener sein als in Süddeutschland (Ritterhaus 1936).' 'Wohl alle Untersucher sind darin einige, daß die Juden daran häufiger erkranken als ihre Wirtsvölker.' (...) 'Zur Idiotie und Imbezillität steuerten die Juden (...) mehr als die Deutschen bei.' Nach letzterem sind die Juden auch 'stärker als andere an der psychopathischen Minderwertigkeit beteiligt'. Auch hysterische Erscheinungen sollen bei ihnen besonders häufig sein.(...)"[50]

48 aaO., S. 212.
49 aaO.
50 *Anthropologischer Anzeiger*, 1937, S. 52 f. .

- „Die 9. Tagung der 'Gesellschaft für Physische Anthropologie' ('Deutsche Gesellschaft für Rassenforschung') soll in der Zeit vom 16. – 19. September 1937 in Tübingen stattfinden.".[51]

- In Berlin findet in der Zeit vom 16. bis 18., September der 4. internationale Kongress für Eugenik statt.[52]

- „Der Volksbund der deutschen sippenkundlichen Vereine gibt ein '*Allgemeines Suchblatt für Sippenforscher*' heraus, das Nachrichten der Reichsstelle für Sippenforschung und des Amtes für Sippenforschung der NSDAP enthält. Es erscheint zusammen mit der sippenkundlichen Monatsschrift '*Familie, Sippe, Volk*' (...)."[53]

- „Rassenkunde und Rassenhygiene" von Benl-Kramp heißt das 1936 erschienene Buch, welches im *Anthropologischen Anzeiger* 1937 vorgestellt wird. U.a. heißt es in der Besprechung:
  „Vorliegendes Buch, für die höheren Lehranstalten geschrieben, ist der zweite Teil zur 'Vererbungslehre' von Benl. Als Lehrbuch ist es gut und übersichtlich zusammengestellt und enthält in Kürze das Wesentlichste aus dem Gebiet der Rassenkunde und deren praktische Folgerungen im heutigen Deutschland (Judenfrage, Gefahr der Rassenmischung, Nürnberger Gesetzgebung) und aus dem Gebiet der Rassenhygiene (Bevölkerungspolitik und rassenhygienische Gesetzgebung des Nationalsozialismus). Den Schluß bildet ein Ausblick über die bevölkerungspolitische Lage der Gegenwart (Ausgleich der Familienlasten, Steuerreform, Beamtenbesoldung u.a.). (...)"[54]

- R. Ritter veröffentlicht sein Buch „Ein Menschenschlag. Erbärztliche und erbgeschichtliche Untersuchungen über die – durch zehn Geschlechterfolgen erforschten – Nachkommen von 'Vagabunden, Jaunern und Räubern'". Rezensent A. Harrasser aus München schreibt im *Anthropologischen Anzeiger* u.a.:

---

51 aaO., S. 88.
52 vgl. aaO.
53 vgl. aaO.
54 aaO., S. 129.

„(...) Die vorliegende gründliche Studie (...) gibt einen sehr guten Einblick in die zahlreichen schlechten Erbelemente, welche sich in diesen Familien gehäuft vererben. Das für die physische Anthropologie besonders Wichtige sehen wir vor allem in der Feststellung, daß in den vagabundierenden und kriminellen Zigeunersippen infolge der tiefen Geschlechtsmoral die Feststellung tatsächlicher Abstammungsverhältnisse sehr erschwert ist und die geistige Minderwertigkeit bzw. Erkrankung (Schwachsinn, moralische Haltlosigkeit, schwere Kriminalität usw.) häufig auch mit körperlichen Stigmen gepaart ist. (...)“[55]

- Die Zeitschrift '*Fortschritte der Erbpathologie, Rassenhygiene und ihrer Grenzgebiete*' erscheint erstmals (vgl. 2.4.).[56]

- Bei der 9. Tagung der „Gesellschaft für Physische Anthropologie“ vom 16. bis 19. September 1937 in Tübingen wurde die Namensänderung in „Deutsche Gesellschaft für Rassenforschung“ beschlossen.
„Der Aufgabenbereich der Gesellschaft umfaßt wie bisher: Menschliche Erbkunde, Stammesgeschichte, Rassenkunde, Rassenhygiene und Bevölkerungsbiologie.“ [57]

- Der *Anthropologischer Anzeiger* 1937 veröffentlicht eine Buchbesprechung über das Werk „Nordische Schönheit. Ihr Wunschbild im Leben und in der Kunst“ von P. Schultze-Naumburg. In der Besprechung heißt es u.a.:
„Mit dem vorliegenden Buch fügt der verdiente Vorkämpfer um die Wiedergeburt artgemäß deutscher Kunst seinen richtungsweisenden Schriften ein Werk von besonderem erzieherischen Wert an. In eindringlich klarer Schilderung umreißt er das äußere Bild des schönen Menschen nordischer Rasse, das leibliche Bild, das in Haltung und Ausdruck zugleich Spiegel der nordisch geprägten Seele ist. (...)“[58]

---

55 aaO., S. 132 f. .
56 vgl. aaO., S. 168.
57 vgl. aaO., S. 169.
58 aaO., S. 211.

- F. Arlt erhält für sein Buch „Volksbiologische Untersuchung über Juden in Leipzig“ aus dem Jahre 1938 eine Besprechung im *Anthropologischen Anzeiger* von 1937. Darin heißt es u.a.:
„Die große Bedeutung der Judenfrage für die deutsche anthropologische Forschung liegt vor allem darin, daß es sich um eine Gruppe handelt, welche außereuropäische bzw. dem deutschen Volke blutsfremde Rassenelemente enthält und diese Gruppe doch in einer vom biologischen Standpunkt beachtlichen Zahl in unserer Bevölkerung vertreten ist. Die biologischen Verhältnisse in der jüdischen Bevölkerung Deutschlands sind daher auch für den physischen Anthropologen von großer Bedeutung. (...) Die durchschnittliche Kinderzahl der jüdischen Familien liegt über dem Mittel der nichtjüdischen Großstadtbevölkerung, obwohl das Durchschnittsalter der Eheschließung für Mann und Frau bei Juden höher ist. (...) Außerordentlich unfruchtbar, wie ja bereits bekannt, sind die jüdischen Mischehen, deren arische Partnerinnen hauptsächlich aus dem guten Mittelstand stammen. (...)“[59]

- „Das deutsche Führergesicht. 200 Bildnisse deutscher Kämpfer und Wegsucher aus zwei Jahrtausenden. Mit einer Einführung in den Geist ihrer Zeit“ heißt das 1937 erschienenen Werk von K. R. Ganzer. in der Besprechung steht u.a.:
„(...) Jedes Bildnis gibt ein deutsches Antlitz in zeitbestimmter Prägung wieder; und doch schildert diese Ahnereihe deutschen Schöpfertums dem kundigen Auge mit überzeugender Gewalt ein Stück Rassengeschichte unseres Vaterlandes, führt heran an die rassischen Quellen des deutschen Genius.
Unser Wissen vom rassebedingten Eigengut des deutschen Volkes erfährt durch Bildsammlungen solcher Art immer neue stolze Bestätigung.“[60]

3.6. Anthropologischer Anzeiger 1938

Höhepunkt der NS-Judenpolitik vor dem Zweiten Weltkrieg – Zahlreiche Sanktionen gegenüber Juden im Laufe des Jahres – 9./10. November: Reichskristallnacht

---

59 aaO., S. 215.
60 aaO., S. 216.

- „Da infolge der zahlreichen Tagungen biologischer Fachverbände im Sommer und Herbst dieses Jahres sich immer neue Schwierigkeiten für die Durchführung der auf 15. – 18. September 1938 angesetzten 10. Tagung der Deutschen Gesellschaft für Rassenforschung ergaben, hat sich der Vorstand entschlossen, diese Tagung auf den März 1939 zu verlegen."[61]

- Der *Anthropologische Anzeiger* 1938 stellt das 1937 erschienenen Buch „Die deutsche Erbpflege. Ein Grundriß" von G. Friese und H. Lemme vor:
  „Der erste Teil des Buches bringt eine ausführliche Besprechung jener Erbkrankheiten, die unter das Gesetz zur Verhütung erbkranken Nachwuchses fallen. (...) Dann werden für jede dieser Krankheiten die erbpflegerischen Maßnahmen besprochen: Unfruchtbarmachung der offensichtlich Kranken, Eheverbot in bestimmt liegenden Grenzfällen, Eheberatung für die erscheinungsbildlich gesunden Blutsverwandten Erbkranker.
  Der zweite Teil befaßt sich ausführlich mit der Auslegung der erbpflegerischen Gesetze. er behandelt das Ehegesundheitsgesetz mit den Richtlinien für die Erteilung von Ehetauglichkeitszeugnissen und Erlaß von Eheverboten. Daran schließt sich die Besprechung des Gesetzes zur Verhütung erbkranken Nachwuchses und der darin festgelegten Einrichtungen des Erbgesundheitsgerichts und Erbgesundheitsverfahren an. (...)"[62]

- A. Gütt, E. Rüdin und F. Ruttke bringen 1936 das Buch „Gesetz zur Verhütung erbkranken Nachwuchses vom 14. Juli 1933 nebst Ausführungsverordnungen, bearbeitet und erläutert" auf den Markt. Der Rezensent G. Heckh aus Tübingen schreibt im *Anthropologischen Anzeiger* des Jahres 1938 u.a.:
  „(...) Gerade bei den Grenzfällen von Schwachsinn zeigt sich oft, daß nur leichte Intelligenzausfälle vorliegen, die aber verbunden sind mit Versagen im Beruf, mangelhafter Lebensbewährung oder gewissen Formen asozialer und antisozialer Psychopathie. Der Kommentar bringt hier eine Bestimmung der Begriffe 'moral insanity' und 'moralischer Schwachsinn'. Solche Fälle mit groben charakterlichen Defekten und asozialer Lebensführung werden dem angeborenen Schwachsinn zugeordnet. Rein theoretisch könnten hier Bedenken geltend gemacht werden. Die praktische Erbpflege fordert aber nach den

---

[61] *Anthropologischer Anzeiger*, 1938, S. 97.

in den letzten Jahren gemachten Erfahrungen dringend die Inangriffnahme des Asozialenproblems. Als Anfang hierzu ist die Einbeziehung des 'moralischen Schwachsinns' in das Gesetz sehr zu begrüßen. (...)
Der juristische Teil des Buches ist ebenfalls neu bearbeitet. (...) Am wichtigsten sind dabei die Bestimmungen über die Schwangerschaftsunterbrechung aus eugenischer Indikation und über die Unfruchtbarmachung der Frau mittels Röntgen- und Radiumbestrahlung. (...)"[63]

- 1937 erscheint in zweiter Auflage das Buch „Blutschutz- und Erbgesundheitsgesetz. Gesetz zum Schutze des deutschen Blutes und der deutschen Ehre und Gesetz zum Schutze der Erbgesundheit des deutschen Volkes nebst Durchführungsverordnungen sowie einschlägigen Bestimmungen. Dargestellt, medizinisch und juristisch erläutert." Autoren sind Ä. Gütt, H. Linden und F. Maßfeller.[64]

- „Rasse, Recht und Volk" sind die „Beiträge zur rassengesetzlichen Rechtslehre" von F. Ruttke überschrieben. In der Rezension heißt es:
„In diesem Buch sind 30 Vorträge und Abhandlungen des Verf. zusammengestellt, die aus den Jahren 1933 – 1937 stammen. der Rassegedanke – Angelpunkt der nationalsozialistischen Weltanschauung – greift nicht nur unmittelbar mit der Rassengesetzgebung selbst in das Gebiet des Rechts über, sondern jegliches deutsche Recht muß auf erb- und rassenpflegerischer Grundlage aufgebaut sein. (...)"[65]

- „Nordisches Blutserbe im süddeutschen Bauerntum" nennt sich ein im *Anthropologischen Anzeiger* 1938 sehr empfohlener Bildband von O. Just und W. Willrich. Elisabeth Weber aus Leipzig schreibt darüber:
„In eindrucksvollen und künstlerisch hochwertigen Bildnissen bestätigt die vorliegende Sammlung die nordische Rassengrundlage auch im süddeutschen Bauerntum."[66]

---

[62] aaO., S. 148.
[63] aaO., S. 149.
[64] vgl. aaO., S. 150.
[65] aaO.
[66] aaO., S. 156.

- Vom 31.7 bis 6.8.1938 findet in Kopenhagen der II. Internationale Kongress für anthropologische und ethnologische Wissenschaften statt. In der Berichterstattung von Th. Mollison aus München über den Kongress steht u.a.:
„(...) Zuletzt seien einige Vorträge angeführt, die die gegensätzlichen Weltanschauungen unserer Zeit in greller Weise beleuchteten. Als extremer Vertreter der einen Seite ist Nordenstreng (Upsala) zu nennen, der die Frage aufwarf: Was ist eine menschliche Rase? Diese Frage aufzuwerfen bedeutet für N. nichts anderes, als das Vorhandensein menschlicher Rassen zu verneinen. (...) Ursprünglich reine Rassen gibt es nicht und hat es nie gegeben, und ob gewisse Rassen höherwertig sind als andere, könnte nur ein hochbegabtes Wesen auf einem anderen Planeten entscheiden. Nun, wir glauben den höheren oder geringeren Wert einer Menschenrasse sehr wohl an ihren Leistungen erkennen zu können, und wir wundern uns, wenn es keine Stammesgeschichte und keine Rassen gibt, wozu dann gewisse Leute eigentlich Anthropologie treiben? Offenbar doch nur, um das bisher Erkannte zu zersetzen. Es ist selbstverständlich, daß solchen Anschauungen von deutscher Seite widersprochen wurde. (...)[67]

3.7. Anthropologischer Anzeiger 1939

1. September: Deutscher Angriff auf Polen – Hitler erweitert die Kompetenzen für mit der Euthanasie betrauten Ärzte und Laien - Oktober: Durchführung des „Euthanasieprogramm" – Schaffung des Warschauer Ghettos im November

- „Anthropologie in der Volksforschung" nennt sich ein 1938 erschienenes Buch von H. Grimm, das im *Anthropologischen Anzeiger* von 1939 besprochen wird. In der Rezension heißt es u.a.:
„Verf. gibt eine Übersicht über die Ergebnisse anthropologischer Untersuchungen an auslandsdeutschen Volksgruppen. Die Forderung, die Anthropologie als 'Anthrobiologie', als umfassende 'Wissenschaft vom Menschen' aufzufassen, wird der Arbeit vorausgeschickt.

---

67 aaO., S. 212 ff. .

Anthropologische Untersuchungen auslandsdeutscher Volksgruppen sind nötig als volkspolitisch wichtige Arbeiten im Rahmen der Volksforschung überhaupt. (...)"[68]

- „Das deutsche Reich wird ein Bauernreich sein, oder es wird untergehen", sagte Adolf Hitler, und so endet die Rezension von G. Heck über das 1939 erschienene Buch „Das Bauerntum als Lebens- und Gemeinschaftsform" von H. F. K. Günther. In der Besprechung heißt es u.a.:
  „Dieses neueste Buch des Verf. behandelt alle wesentlichen Fragen der Soziologie und Biologie des deutschen Bauerntums und will über diesen wissenschaftlichen Zweck hinaus auch dem deutschen Städtertum, in dem so viel unbewußtes und ersehntes Bauerntum als Macht des Gemütes steckt, bäuerliche Wesensart näher bringen. (...)"[69]

- Die „Deutsche Gesellschaft für Rassenforschung" beschließt 1939 in München bezüglich der Rasse- und Abstammungsgutachten u.a. folgendes:
  „1. Da die starke Beanspruchung durch die Gutachten, die staatspolitisch und parteipolitisch notwendig sind, ständig zunimmt, ist eine Entlastung der Gutachterstellen dringend notwendig, um nicht die Forschungs- und Lehrtätigkeit der Institute zu beeinträchtigen. es sind zu diesem Zweck neue Hochschul-Institute für rassenbiologische Forschungen zu schaffen und den bisherigen weitere Assistentenstellen zu gewähren. (...)
  7. Nach umfassender Aussprache wurde einstimmig festgestellt, daß die heute üblichen erbbiologischen Methoden in der Hand des erfahrenen, verantwortungsbewußten Gutachters zu durchaus zuverlässigen Ergebnissen führen. Ein Zweifel an der Brauchbarkeit dieser Methoden ist wissenschaftlich unberechtigt und wird von den führenden deutschen Fachleuten einstimmig zurückgewiesen."[70]

3.8. Anthropologischer Anzeiger 1940

Dreimächtepakt zwischen Deutschland, Italien und Japan – Westfeldzug – Luftschlacht um England – Krieg in Nordafrika – Balkankrieg – Liquidationen von Juden in Ghetthos und Arbeitslagern

68 *Anthropologischer Anzeiger*, 1939, S. 43.
69 aaO., S. 44 ff. .
70 aaO., S. 128.

- „Krieg und Bevölkerungsentwicklung" heißt das 1940 erschienene Buch von F. Burgdörfer, das im *Anthropologischen Anzeiger* des selben Jahres besprochen wird. Der Münchner Rezensent A. Harrasser schreibt u.a.:
„(...) Es ist für uns mehr als beruhigend, daß Verf. , der z. Zt. unseres ärgsten biologischen Zerfalls als ernster Mahner auf eine trübe Zukunft wies und selbst unter den ersten Zeichen einer Besserung nach der Machtübernahme noch immer vor einem zu frühen Optimismus warnte, gerade in diesem neuen und schweren Existenzkampf des deutschen Volkes die Anzeichen unserer biologischen Genesung fast noch besser nachweisen kann als in der Friedensperiode. (...) Im Verein mit den äußerst geringen Verlusten bei den ungeheuren militärischen Erfolgen und dem nur schwachen Anstieg der Sterblichkeit der Zivilbevölkerung steht das deutsche Volk und in ähnlicher Weise das uns verbündete Italien auch biologisch siegreich den Feindstaaten Frankreich und England gegenüber. (...)"[71]

- Franz Exners 1939 erschienenes Buch „Kriminalbiologie in ihren Grundzügen" findet im *Anthropologischen Anzeiger* 1940 eine Besprechung. Darin heißt es u.a.:
„Wenn ein noch in rascher Entwicklung begriffener Wissenszweig, wie die Kriminalbiologie, zum Gegenstand einer zusammenfassenden Darstellung gemacht wird, so wird man leichte Bedenken haben, ob der Versuch nicht verfrüht ist. (...)"[72]

- Der Münchner P. Kramp bespricht das 1936 in deutscher Übersetzung erschienene Buch: „Der Mensch – das unbekannte Wesen". Der in New York lehrende französische Biologe und Physiologe Autor A. Carrel schreibt dort nach Worten des Rezensenten u.a.:
„(...) Die demokratische Lehre nimmt keine Rücksicht auf die Beschaffenheit unseres Körpers und unseres Bewußtseins; sie geht vorüber an der offenbaren Tatsache der menschlichen Persönlichkeit. Natürlich, als allgemeiner Begriff ist ein Mensch wie der andere; aber als tatsächliches Wesen ist er es nicht. Eine Gleichheit der Rechte ist eine Illusion. Der Geistesschwache und der Geniale dürfen vor dem Gesetz nicht gleich sein,

[71] *Anthropologischer Anzeiger*, 1940, S. 224.

und der Dumme, der geistig Schwächliche, der Zerfahrene, zu keiner geistigen und körperlichen Anstrengung taugliche hat kein Recht auf höhere Erziehung. Es ist unsinnig, solchen Exemplaren dieselben Wählerrechte zu geben wie den Vollentwickelten. Auch die Geschlechter sind nicht gleich. All diese Ungleichheiten unberücksichtigt zu lassen, ist eine große Gefahr. Das demokratische Prinzip hat den Zusammenbruch der Kultur mitverschuldet, indem es sich der Ausbildung einer Elite entgegenstellt. (...)[73]

- An der Universität Hamburg liest an der Medizinischen Fakultät Prof. H. Demme über „Die Erbgesundheitsgesetze“. Doz. W. Schultz und Dr. habil. H. Habs bieten eine „Erbbiologische Arbeitsgemeinschaft mit Exkursionen“ an, und Prof. W. Weitz lehrt „Menschliche Erblehre als Grundlage der Rassenhygiene“. In der Philosophischen Fakultät bietet Prof. G. Deuchler je eine Veranstaltung zum Thema „Charakter und Eignung“ und „Forschungsgemeinschaft für Charakterologie, Berufs- und Volkspsychologie“ an. Professor W. Scheidt lehrt „Rassenbiologie und Rassenhygiene II sowie Rassenbiologie und Rassenhygiene IV.[74]

- P. Kramp aus München bespricht im *Anthropologischen Anzeiger* von 1940 P. H. Seraphims 1938 erschienene Buch „Das Judentum im osteuropäischen Raum“. U.a., so der Rezensent, schreibt der Verfasser:
„Will man das jüdische Problem in seiner Ganzheit sehen, so kann und darf man am osteuropäischen Kerngebiet der Judenheit nicht vorbeigehen, denn die Judenfrage in Osteuropa ist kein auf den osteuropäischen Raum regional begrenztes Problem, sondern eine Teilfrage, und zwar eine der wichtigsten Teilfragen des Judenproblems überhaupt.“[75]

3.9. Anthropologischer Anzeiger 1941/42

1941: 31. Juli: Schriftlicher Befehl Görings zur „Endlösung der Judenfrage“, der biologischen Vernichtung des Judentums – Mehr als 1000 Juden sterben bei Pogromen in Bukarest – bis August fordert das „Euthanasieprogramm“ mehr als 70 000 Opfer

---

72 aaO., S. 225.
73 aaO., S. 42.
74 vgl. aaO., S. 170

- Der Umfang des *Anthropologischen Anzeigers* nimmt immer mehr ab. Die Jahrgänge 1941 und 1942 erscheinen nunmehr als Doppelausgabe. Darin werden u.a. folgende Bücher vorgestellt:

- H. Geißels 1940 erschienenes Buch „Rassenmischung und ihre Folgen". Oder A. Pauls ebenfalls 1940 erschienenes Buch „Jüdisch-deutsche Blutmischung. Eine sozialbiologische Untersuchung.". Der Rezensent S. Erhardt aus Berlin schreibt über letzteres u.a.: „Die einzelnen Personen und deren ganze Sippe wurden nach ihrer sozialen und erbbiologischen Herkunft und nach ihrer Lebensleistung, nach ihrer beruflichen Tüchtigkeit beurteilt. Die erbbiologische Beurteilung stützte sich auf das Vorkommen von Erbkrankheiten im Sinne des Gesetzes zur Verhütung erbkranken Nachwuchses. (...) Genaue Überprüfung der Gatten- und Partnerwahl zeigte, daß der Jude meist eine minderwertige deutsche Frau wählte: die Verbindung einer jüdischen Frau mit einem deutschen Mann bedeutete für die Frau einen sozialen Aufstieg. Bei Betrachtung der Judenmischlinge konnte festgestellt werden, daß die meisten ihrer Lebensleistung nach beruflich und erbbiologisch unterdurchschnittlich zu bewerten sind. Verf. kommt zu dem Schluß: 'Neben dem unerwünschten und für das deutsche Volk schädlichen Rasseerbteil zeigt ein überdurchschnittlicher Anteil der Mischlinge auch erbbiologische Geringwertigkeiten. Die Untersuchung ergab eine sich steigernde Anhäufung ungünstiger Erbanlagen bei den nach 1935 geborenen unehelichen Judenmischlingen zweiten Grades.'
  Die Judenmischlinge bringen kein Verständnis für die Forderung der Ehelosigkeit auf und umgehen das eheliche Verbot durch außerehelichen Verkehr. P. spricht den Wunsch nach Forderung aus, den nach 1935 geborenen unehelichen Mischlingen zweiten Grades später besondere Ehehindernisse entgegenzusetzen."[76]

- „Erbpflege und Christentum. Fragen der Sterilisation, Aufnordung, Euthanasie, Ehe." heißt das 1940 erschienene Buch von W. Stroothenke, das K. Thums aus Prag im *Anthropologischen Anzeiger* der Jahre 1941/42 bespricht. Er schreibt u.a.:

---

[75] aaO., S. 253.
[76] *Anthropologischer Anzeiger*, 1941/1942, S. 67 f. .

„Wenngleich Fritz Lenz die vorliegende Schrift in seinem Geleitwort als den mutigen und ernsten Versuch eines jungen evangelischen Theologen begrüßt, sich mit den Fragen der Rassenerhaltung und damit dem Kern völkischer Weltanschauung positiv auseinanderzusetzen, so muß man doch zugleich mit gutem Recht die Frage aufwerfen, ob es heute nicht bereits für eine positive Stellungnahme von christlicher Seite gegenüber der Erb- und Rassenpflege des nationalsozialistischen Staates längst zu spät sei, ob die Theologen nicht endgültig den Anschluß an die Forderungen des Lebens versäumt hätten... (...)
So ist es z.B. zweifellos anerkennenswert, wenn Verf. den biologisch undiskutablen Begriff der Erbsünde fallen läßt – aber dies ist eben auch nicht mehr christlich! Die römische Kirche hat daraus die eindeutige Folgerung gezogen und sich beeilt, diese Schrift auf den Index der verbotenen Bücher zu setzen. Sicherlich nicht zu Unrecht! Denn die geistvollen und kenntnisreichen Ausführungen Stroothenkes beweisen letzten Endes nur immer von neuem die grundsätzliche und bis in alle Tiefen und Weiten reichende Unvereinbarkeit einer lebensgesetzlich ausgerichteten Erbpflege mit der Starrheit christlicher Dogmen. (...)“[77]

- Prof. W. Holzmann liest an der Medizinischen Fakultät der Universität Hamburg „Rassenkunde und deren Folgerungen für die Volksgesundheit“; Prof. F. v. Neureiter gibt eine „Einführung in die Kriminalbiologie“; Prof. W. Weitz spricht über „Rassenhygiene“. In der Mathematisch-Naturwissenschaftlichen Fakultät liest Prof. A. Meyer-Abich „Geschichte der biologischen Theorien“ und Prof. W. Scheidt bietet einmal mehr „Rassenbiologie und Rassenhygiene II und IV“ an.[78]

1942: 20. Januar: „Wannsee-Konferenz“: Festlegung des Vernichtungsprogramms der Juden – 30. April: Mobilisierung aller KZ-Häftlinge zur Zwangsarbeit – Im Sommer sind die als Duschbäder getarnten Gaskammern in den Vernichtungslagern voll in Funktion – Beginn von anthropologische Untersuchungen an Lagerinsassen durch den Straßburger Anatomie-Professor August Hirt: Anschließend wurden die 79 Juden, 50 Jüdinnen,

[77] aaO., S. 68.
[78] vgl. aaO., S. 156

zwei Polen und vier russisch-mongolischen Gefangene getötet und ihre Köpfe und Skelette Teil der anatomischen Sammlungen der Universität.[79]

- 1942 erscheint das von L. v. Bertalanffy unter Mitwirkung zahlreicher Fachgelehrter herausgegebene „Handbuch der Biologie". Rezensent P. Kramp aus München schreibt darüber im *Anthropologischen Anzeiger* der Jahre 1941/42:
  „Wenn mitten im Kriege ein Werk erscheint, das sich zur Aufgabe macht, eine Gesamtdarstellung des lebenskundlichen Wissenstoffes zu geben, so wird damit schon äußerlich dokumentiert, dass heute 'Biologie' nicht nur die akademischen Fachkreise angeht, sondern dass weit über diese Fachgrenzen hinaus die Erkenntnisse der biologischen Wissenschaft sowohl für die Weltanschauung des Einzelnen wie für das Schicksal der Nation von zentraler Bedeutung sind. (...)"[80]

- In der Rezension des 1942 von A. Gütt herausgegebenen „Handbuch der Erbkrankeiten" steht u.a.:
  „(...) Es bedarf vielleicht einer Erklärung, warum das vorliegende Handbuch, das doch im großen und ganzen nach den Bedürfnissen der praktischen Erbgesundheitspflege ausgerichtet ist und ein breites Fundament der Erbgesundheitsrechtsprechung darstellt, die Psychopathenfrage in so ausführlicher Form aufwirft, wie dies in diesem Bande geschieht. (...)"[81]

- F. Stumpel aus Innsbruck bespricht das 1942 erschienene Werk „Asoziale Sippen. Erb - und sozialbiologische Untersuchungen." von F. Dubitscher. In der Rezension heißt es u.a.:
  „Verf. berichtet über Erhebungen an 31 Probanden und ihren Sippen. erfaßt wurden 1234 Personen. Die Befunde werden in einer ausführlichen Kasuistik mitgeteilt. Als asoziale Typen wurden abgegrenzt die Arbeitsscheuen, die Unwirtschaftlichen, die Bettler und Vagabunden, die primär moralisch verkommenen, die Alkoholiker und die Krimi-

[79] vgl. Mosse, George L.: „Rassismus: Krankheitssymptom in d. europäischen Geschichte des 19. und 20. Jahrhunderts'', 1978, S. 206.
[80] aaO., S. 211.
[81] aaO., S. 215.

nellen. (...) Verf. hält die Fortpflanzungsgefahr der Asozialen für größer als die bei Schwachsinnigen. (...).“[82]

3.10. Anthropologischer Anzeiger 1943/44

1943: Ende Januar/Anfang Februar: Stalingrad – 18. Februar: Goebbels proklamiert den „totalen Krieg“ – 13. Mai: Kapitulation der „Heeresgruppe Afrika“ – 2. September: Konzentration der Wirtschaft unter Reichsminister Albert Speer – Im Luftkrieg starten die Tagessangriffe in Großverbänden

- Der *Anthropologischer Anzeiger* erscheint abermals als Doppelausgabe 1943/44. Vorgestellt werden u.a. vier in den Jahren 1940 bis 1942 unter dem Titel „Das deutsche Volksgesicht“ erschienene Bildbände der „Lichtbild-Künstlerin“ E. Lendavi-Dircksen. in der Rezension steht u.a.:
  „(...) Der Verf. kam es aber vor allem darauf an, den Blick für das Wesen und damit das Verständnis und die Liebe zum deutschen Volk in seinem stammhaften Gefüge zu fördern. (...)“[83]

- „Rassenunterschiede in und um Rosenheim“ heißt einer der abgedruckten Originalarbeiten *des Anthropologischen Anzeigers* der Jahre 1943/44.

- Prof. G. Budelmann liest an der Medizinischen Fakultät der Universität Hamburg „Bevölkerungspolitik“ und Prof. W. Schulz sowie Doz. H. Habs bieten eine „Arbeitsgemeinschaft über Erb- und Rassefragen“ an. An der Philosophischen Fakultät hat Prof. G. Deuchler eine „Rassen - und volkspsychologische Arbeitsgemeinschaft“. An der Mathematisch-Naturwissenschaftlichen Fakultät liest Prof. W. Scheidt „Rassenbiologie II und IV“.[84]

---

[82] aaO., S. 218.
[83] *Anthropologischer Anzeiger*,1943/44, S. 41.
[84] vgl. aaO., S. 80.

1944: 20. Juli: Attentat auf Hitler durch Oberst Claus Graf Schenk von Stauffenberg – Luftkrieg – 25. September: Einberufung aller waffenfähigen Männer zwischen 16 und 60 Jahren zum „Deutschen Volkssturm“

• Der *Anthropologische Anzeiger* erscheint nicht mehr.

1945: 30. April: Selbstmord Hitlers – Mai: Kapitulation Deutschlands – 6. August: Hiroshima – 9. August: Nagasaki

4. Literatur

- Anthropologischer Anzeiger, Jahrgang I, Stuttgart 1924
- Anthropologischer Anzeiger, Jahrgang X, Stuutgart 1933
- Anthropologischer Anzeiger, Jahrgang XI, Stuttgart 1934
- Anthropologischer Anzeiger, Jahrgang XII, Stuttgart 1935
- Anthropologischer Anzeiger, Jahrgang XIII, Stuttgart 1936
- Anthropologischer Anzeiger, Jahrgang XIV, Stuttgart 1937
- Anthropologischer Anzeiger, Jahrgang XV, Stuttgart 1939
- Anthropologischer Anzeiger, Jahrgang XVI, Stuttgart 1939
- Anthropologischer Anzeiger, Jahrgang XVII, Stuttgart 1940
- Anthropologischer Anzeiger, Jahrgang XVIII, Stuttgart 1943
- Anthropologischer Anzeiger, Jahrgang XIX, Stuttgart 1943
- Archiv für Rassen- und Gesellschaftsbiologie einschließlich Rassen- und Gesellschafts-Hygiene, 1. Jahrgang, Berlin 1904
- Archiv für Rassen- und Gesellschaftsbiologie einschließlich Rassen- und Gesellschafts-Hygiene, 29. Band, München 1935
- Der Erbarzt – Beilage zum „Deutschen Ärzteblatt", Erster und zweiter Jahrgang, Berlin 1935
- Der Erbarzt, Band 10, Leipzig 1942
- dtv-Atlas zur Weltgeschichte, Band 2, München 1966, 1991
- Fortschritte der Erbpathologie, Rassenhygiene und ihrer Grenzgebiete, I. Jahrgang, Leipzig, 1937/1938
- Fortschritte der Erbpathologie, Rassenhygiene und ihrer Grenzgebiete, IV. Jahrgang, Leipzig, 1940
- Mosse, George L.: „Rassismus: Krankheitssymptom in d. europäischen Geschichte des 19. und 20. Jahrhunderts", Königstein/Ts. 1978
- Verhandlungen der Deutschen Gesellschaft für Rassenforschung, Band IX, Stuttgart 1938
- Zeitschrift für angewandte Anatomie und Konstitutionslehre, Erster Band, Berlin 1914
- Zeitschrift für menschliche Vererbungs- und Konstitutionslehre, 19. Band, Berlin 1936
- Zeitschrift für Morphologie und Anthropologie, Band I., Stuttgart 1899
- Zeitschrift für Morphologie und Anthropologie, Band XXXI., Stuttgart 1933
- Zeitschrift für Rassenkunde, 7. Band, Stuttgart 1938